この本に登場するプランクトンの大きさをくらべてみました。
ミジンコ（→6ページ）やケンミジンコ（→12ページ）が
とても大きいことがわかります。

アメーバ
→19ページ

ミドリムシ
→38ページ

シャットネラ
→43ページ

ミドリゾウリムシ
→15ページ

エレモスファエラ
→34ページ

クンショウモ
→26〜27ページ

ボルボックス
→22ページ

トリプロセラス
→30ページ

アオミドロ
→36ページ

ペニウム
→30ページ

ミカヅキモ
→28ページ

ケイソウの仲間
→40〜41ページ

ユードリナ
→24ページ

プレオドリナ
→25ページ

ケンミジンコ→12ページ

\のぞいてびっくり!/
顕微鏡
水のなかの小さな生きもの

ミジンコだ!

忍足和彦［著］　河地正伸［監修］

ポプラ社

池や川や海、水そうの水をとり、顕微鏡でのぞいてみましょう。
なにか小さな生きものが動いているすがたを見ることができます。

池や川、海の水中や水面で生活している小さな生きものは、

プランクトンとよばれています。

プランクトンには光を利用して栄養をつくりだす植物プランクトンと、

植物プランクトンなどを食べる動物プランクトンがいます。

この本では、日本の池や沼、川や海などにすむプランクトンを取りあげました。

プランクトンたちのおもしろい形や色、動きかたを写真で見ていきましょう。

この本の使いかた

①プランクトンには和名（日本語のよび名）のないものが多くあります。そのため、和名があるものは和名を、英語名でよく知られているものは英語名を、そのほかのものは世界共通のよび名である学名をカタカナで示しました。

②各ページの写真は、10倍から400倍ほどの倍率で見たものを大きく引きのばしたものです。そのため、目安となる大きさを線で示すスケールを入れました。
表紙をめくったところに掲載した「大きさくらべ」も見てください。

③＊は小学校では学習しない言葉ですので、そのページの下で解説しています。

④それぞれのプランクトンには、和名、学名（英語名）、大きさ、すんでいるところを示しました。つながったりグループ（群体）をつくるプランクトンは大きさがさまざまに変わるので「細胞の大きさ」「群体の大きさ」を示しました。「大きさ」は縦横の長いほうをさしています。
sp.と示されているものはその仲間をあらわします。

⑤データのなかの写真は、学校などの顕微鏡でよく使われる倍率で見たときのすがたです。
実際に見るときの参考にしてください。

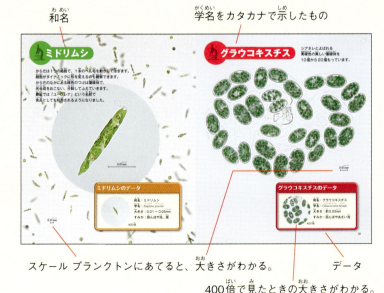

和名　　　　　　　学名をカタカナで示したもの

スケール　プランクトンにあてると、大きさがわかる。
400倍で見たときの大きさがわかる。　データ

もくじ

のぞいてびっくり！
顕微鏡

動物プランクトン ……… 4

ミジンコ ……… 6

ケンミジンコ ……… 12

ウミホタル ……… 13

ゾウリムシ ……… 14

ワムシ ……… 16

ツリガネムシ ……… 18

アメーバ ……… 19

植物プランクトン ……… 20

ボルボックス ……… 22

クンショウモ ……… 26

ミカヅキモ ……… 28

ツヅミモの仲間 ……… 30

アワセオオギ ……… 32

エレモスファエラ ……… 34

ボトリオコッカス ……… 35

アオミドロ ……… 36

アミミドロ ……… 37

ミドリムシ ……… 38

グラウコキスチス ……… 39

ケイソウの仲間 ……… 40

アオコ ……… 42

赤潮 ……… 43

顕微鏡の使いかた ……… 44

プランクトン観察のコツ ……… 48

双眼実体顕微鏡 ……… 49

さくいん ……… 50

表紙写真：ミジンコ　　うら表紙写真：ボルボックス

動物プランクトン

池や田んぼでは、なにか小さな生きものが活発に動いているのを見ることができます。

そのひとつがミジンコの仲間で、動物プランクトンのひとつです。動物プランクトンは、魚やオタマジャクシなどのえさになっています。

ミジンコ

ミジンコは、池や田んぼなどでよく見られるプランクトンです。おもに植物プランクトン（→20ページ）を食べています。からだは小さくてもいろいろな器官があります。

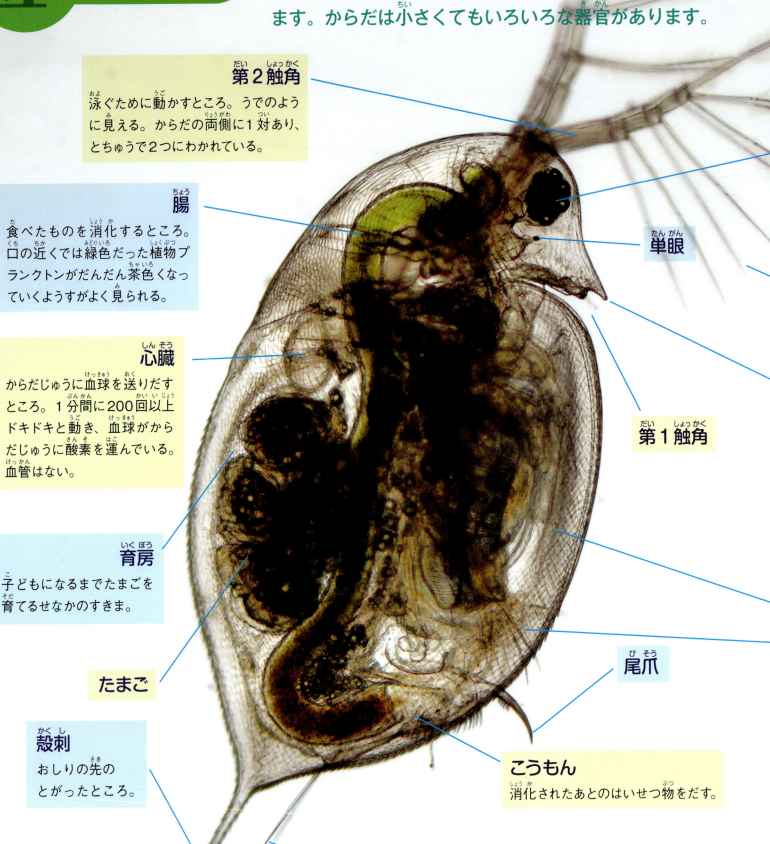

第2触角
泳ぐために動かすところ。うでのように見える。からだの両側に1対あり、とちゅうで2つにわかれている。

腸
食べたものを消化するところ。口の近くでは緑色だった植物プランクトンがだんだん茶色くなっていくようすがよく見られる。

心臓
からだじゅうに血球を送りだすところ。1分間に200回以上ドキドキと動き、血球がからだじゅうに酸素を運んでいる。血管はない。

育房
子どもになるまでたまごを育てるせなかのすきま。

たまご

殻刺
おしりの先のとがったところ。

尾毛

単眼

第1触角

尾爪

こうもん
消化されたあとのはいせつ物をだす。

1mm

ミジンコはぴょんぴょんとはねるように動き、
プランクトンのなかでは大きいので
顕微鏡で観察しやすい生きものです。

複眼
ものがはっきり見えているのではなく、光を感じている。最初のうちは2つにわかれているが、成長するにつれて1つになる。

遊泳剛毛

ふん
口のようにとがっているが、口ではない。

胸脚
5組10本。胸脚にあるえらで、呼吸をしたり植物プランクトンを集めてからだに取りこむ。いつもはげしく動かしている。

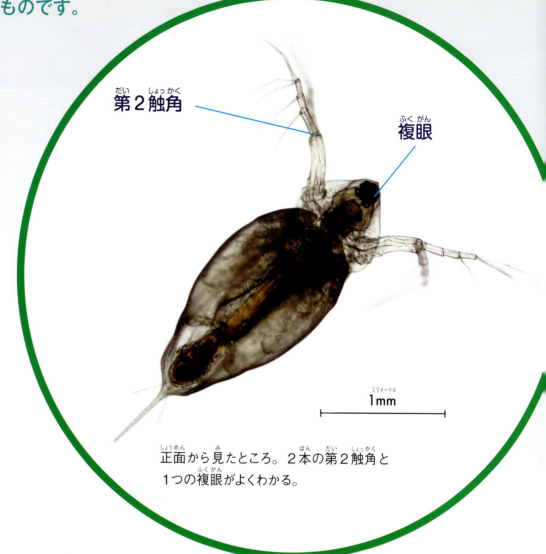

正面から見たところ。2本の第2触角と1つの複眼がよくわかる。

ミジンコのデータ

和名：ミジンコ
学名：*Daphnia pulex*（ダフニア ピュレックス）
大きさ：1.3～3.4mm（メス）
すみか：田んぼやあさい池

10倍

ミジンコの成長

ミジンコは、エビやカニなどの仲間（甲殻類）です。
かたいからにつつまれており、一生に何回も脱皮をして成長します。

脱皮したあとのから。
第2触角の毛まで
きれいにぬけている。

からをぬぎおわったばかりの
ミジンコ。

1mm

ミジンコのふえかた

ミジンコはふつう、メスだけでたまごをつくり、
せなかの育房とよばれるすきまで育てます。
環境が悪くなるとオスが生まれ、受精卵をつくります。

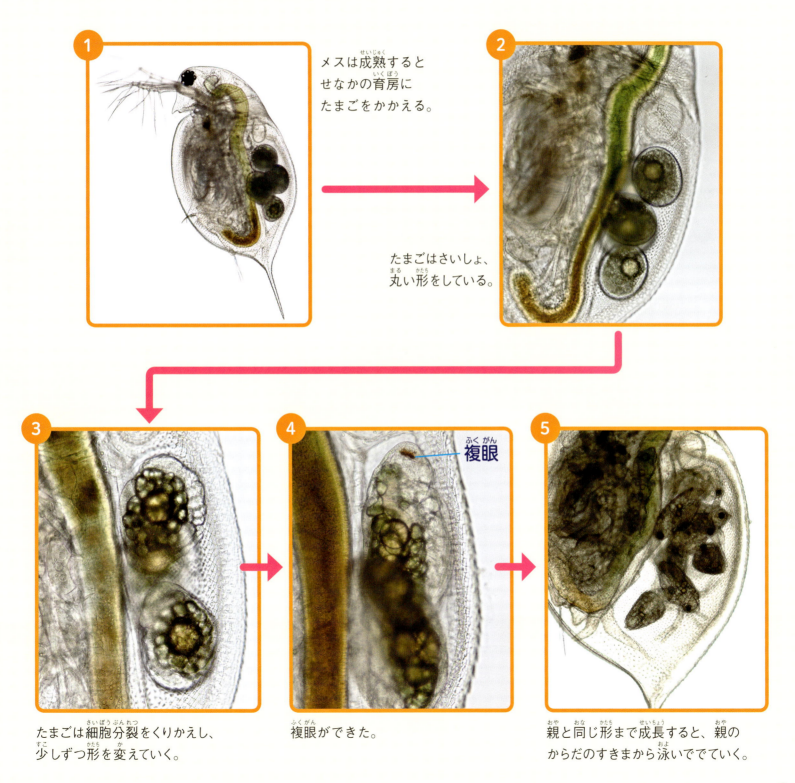

1 メスは成熟するとせなかの育房にたまごをかかえる。

2 たまごはさいしょ、丸い形をしている。

3 たまごは細胞分裂をくりかえし、少しずつ形を変えていく。

4 複眼ができた。

5 親と同じ形まで成長すると、親のからだのすきまから泳いででていく。

9

いろいろなミジンコ

日本には100種類ものミジンコの仲間がいるといわれています。
海でくらすものや形がまったくちがうものもいますが、
ここでは、池や川にすみ、よく見られるミジンコの仲間をしょうかいします。

和名：カブトミジンコ
学名：*Daphnia galeata*（ダフニア　ガレアータ）
大きさ：1.3～3.0mm
すみか：田んぼやあさい池

魚や昆虫などに食べられにくいよう、形を変えたカブトミジンコ。これは防御形態といわれるもので、食べる相手がいないと丸い頭になる。

第1触角

アミメネコゼミジンコ

カブトミジンコ

0.1mm

和名：アミメネコゼミジンコ
学名：*Ceriodaphnia reticulata*（セリオダフニア　レティキュラータ）
大きさ：0.6～0.7mm（メス）
すみか：田んぼやあさい池

からだは小さくて丸く、頭の形に特徴がある。せなかは丸く、はっきりとしたくぼみが見られる。

和名：タマミジンコ
学名：*Moina macrocopa*
大きさ：0.7〜1.8mm
すみか：田んぼやあさい池

子どもをうみはじめると、せなかが球のようにふくれる。単眼がない。また、第1触角が長い。

タマミジンコ
第1触角

0.1mm

単眼
第1触角

オカメミジンコ

0.1mm

和名：オカメミジンコ
学名：*Simocephalus vetulus*
大きさ：1.2〜1.9mm
すみか：田んぼやあさい池

頭はくびれがめだち、からだは四角いのが特徴。多くのミジンコは単眼が丸く小さいが、オカメミジンコでは細長い。

ケンミジンコ

ケンミジンコも、エビやカニの仲間です。
ミジンコとは少し異なるグループの生きもので、カイアシ類ともよばれています。
海や湖沼にすみ、からだは細長く、ミジンコよりはるかにすばやく泳ぎます。

ミジンコの仲間がおもに植物プランクトンを食べるのに対し、ケンミジンコの仲間は肉食性。ワムシ（→16ページ）や小型のミジンコなどを食べている。

0.1mm

メスのからだには受精卵のかたまりがついていることがある。ケンミジンコはミジンコとちがい、オスとメスがいる。たまごからでてくる子どもは、親とまったく形がちがう。

ケンミジンコのデータ

40倍

和名：ケンミジンコ
英語名：Copepoda（コペポーダ）
大きさ：0.9〜1.7mm（メス）
すみか：田んぼやあさい池

ウミホタル

海にすみ、青白い光をだすことで知られています。
二枚貝のようなからにつつまれたカイミジンコとよばれるグループです。
ウミホタルは肉食で、死んだ魚の肉などを食べています。

1mm

ウミホタルのデータ

和名：ウミホタル
学名：*Vargula hilgendorfii*（バルグラ ヒルゲンドルフィ）
大きさ：3.0～3.5mm
すみか：海

10倍

ゾウリムシ

池や水たまりでよく見られるもののひとつがゾウリムシです。
ゾウリムシは1つの細胞でできた単細胞生物です。
単細胞生物のなかでは大きく、細胞には
えさを食べる細胞口というくぼんだところや、収縮胞などを見ることができます。
表面全体にあるこまかい多数のせん毛を動かして泳ぎます。

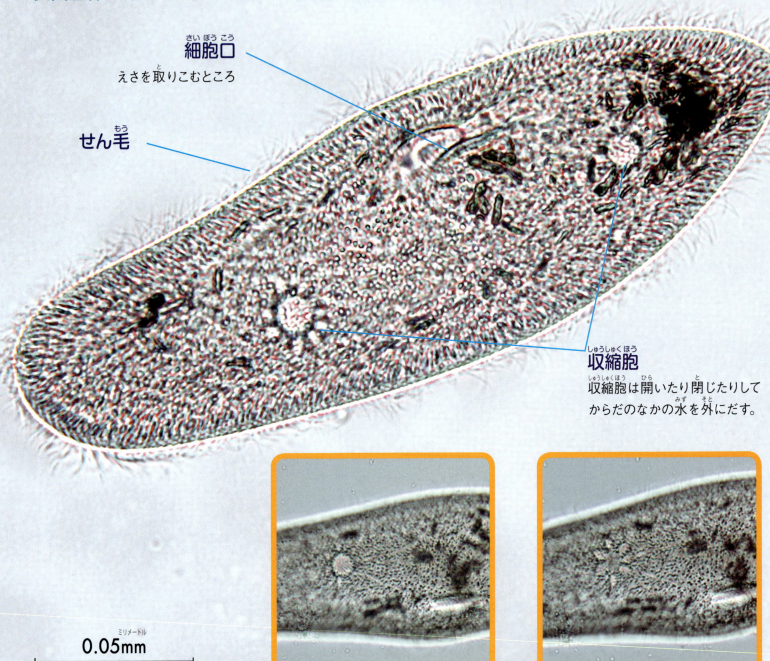

細胞口
えさを取りこむところ

せん毛

収縮胞
収縮胞は開いたり閉じたりして
からだのなかの水を外にだす。

0.05mm

開いた時　　閉じた時

ミドリゾウリムシ

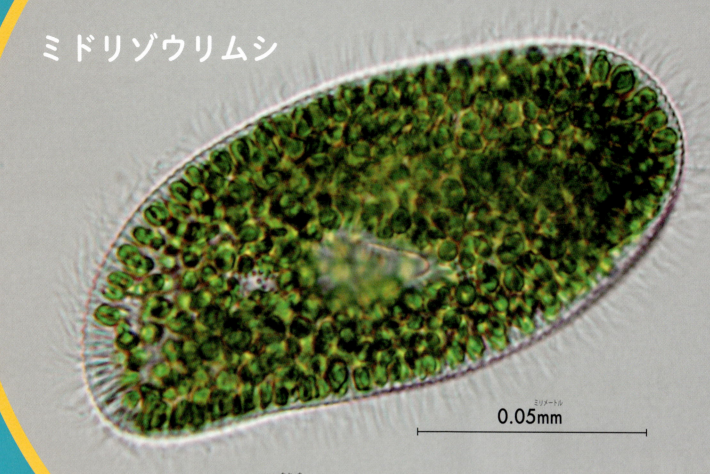

0.05mm

ゾウリムシの仲間。ミドリゾウリムシは、クロレラという植物プランクトンをからだにすませている。緑のつぶがクロレラ。

ゾウリムシのデータ

和名：ゾウリムシ
学名：*Paramecium caudatum*
大きさ：0.17〜0.3mm
すみか：田んぼやあさい池

100倍

和名：ミドリゾウリムシ
学名：*Paramecium bursaria*
大きさ：0.09〜0.15mm
すみか：田んぼやあさい池

100倍

ワムシ

ワムシの仲間はからにつつまれていますが、輪盤にあるせん毛をはげしく動かして泳いだり、水の流れをつくって植物プランクトンをからだのなかに取りこんで食べています。
池などでよく見られる動物プランクトンで、熱帯魚などのえさとしても売られています。

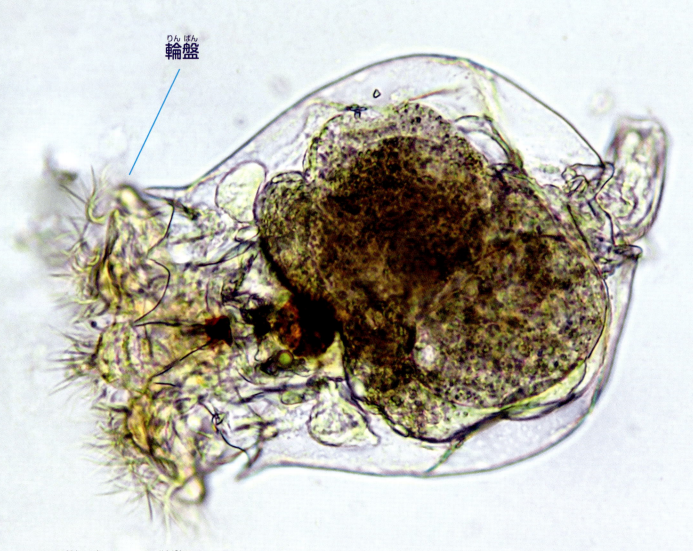

輪盤

ツボワムシ。頭に輪のような輪盤をもつワムシのひとつで、つぼのような形をしている。
輪盤の反対側にはしっぽのようなものがあり、水草などにつかまって休むこともある。

0.1mm

せん毛のついた輪盤をだし、泳ぎだすまでの連続写真。ヒルガタワムシは、ヒルのようにからだがやわらかく、のびたりちぢんだりします。

1

しっぽのようなものでつかまった。

2
頭をだしはじめる。

3

輪盤をだしはじめた。

4
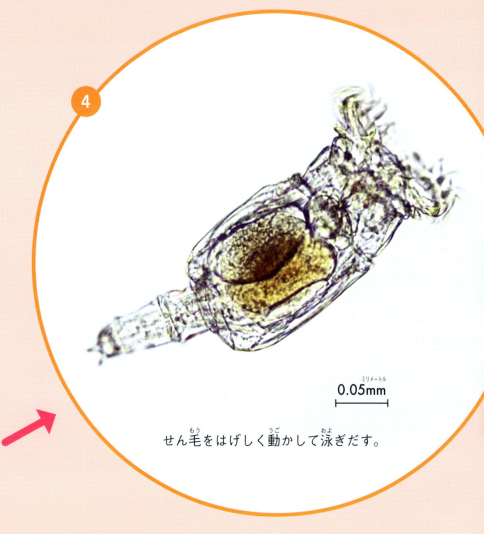
0.05mm
せん毛をはげしく動かして泳ぎだす。

ワムシのデータ

和名：ツボワムシ
学名：*Brachionus* sp.（ブラキオヌス）
大きさ：0.15～0.25mm
すみか：田んぼやあさい池

100倍

和名：ヒルガタワムシ
学名：*Rotaria* sp.（ロタリア）
大きさ：0.3～1mm
すみか：田んぼやあさい池

100倍

17

ツリガネムシ

柄の部分で水草や小石や砂の表面にくっついています。細胞が刺激をうけると、柄がすばやくコイルのようにちぢみます。口のまわりにある、たくさんのこまかいせん毛を動かして水の流れをつくり、バクテリア*などを食べています。

ツリガネムシのデータ

400倍

和名：ツリガネムシ
学名：*Vorticella* sp.（ボルティセラ）
大きさ：0.04〜0.08mm
（柄の部分をのぞく）
すみか：田んぼや池

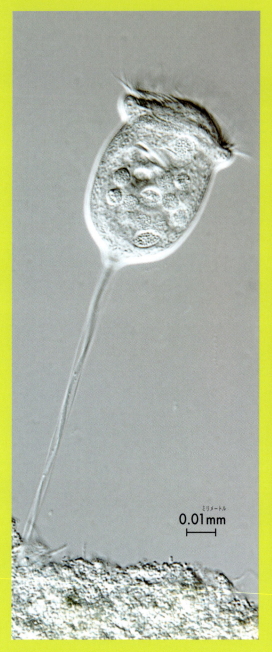

0.01mm

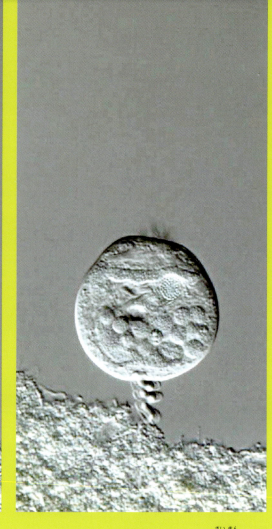

*バクテリア……細菌

アメーバ

アメーバの仲間はいろいろな種類があり、決まった形はなく、大きさもさまざまです。石や水草などにはりついていますが、からだの中身を動かしながら移動します。先にのばした部分は仮足とよばれています。小さな植物プランクトンをからだの表面から取りこんで食べています。

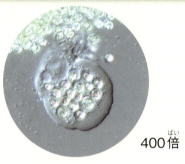

アメーバのデータ

400倍

和名：アメーバ
英語名：Amoeba
大きさ：0.01〜0.1mm
すみか：池、海、土のなか

アオコの1種、ミクロキスティス（→42ページ）を食べているアメーバ。

0.01mm

植物プランクトン

池の水が緑色や黄緑色に
見えることがあります。
これは、植物プランクトンが
水のなかにたくさんいるためです。
植物プランクトンはからだのなかに葉緑体をもち、
光を利用して栄養をつくり、ふえていきます。
そして、動物プランクトンや
小さな魚たちのえさとなり、
池や川、海の生命をささえています。

0.1mm

ボルボックス

植物プランクトンのなかでは大きく、とうめいな丸い球の表面に
500個以上の細胞がきそく正しくならんでいます。
このように同じような細胞が集まってひとつのからだをつくっているものを群体とよびます。
ボルボックスの群体は大きなものでは直径0.5mm以上になります。

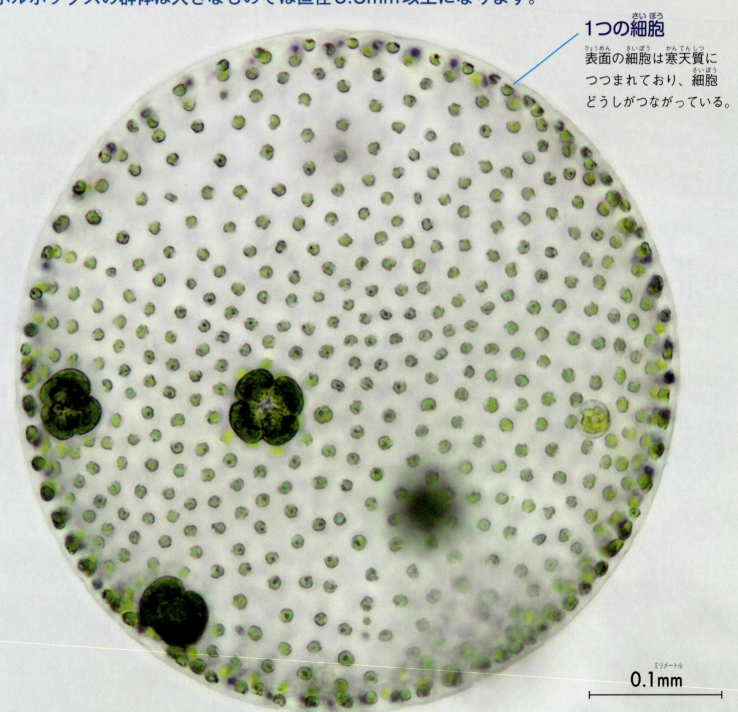

1つの細胞
表面の細胞は寒天質につつまれており、細胞どうしがつながっている。

0.1mm

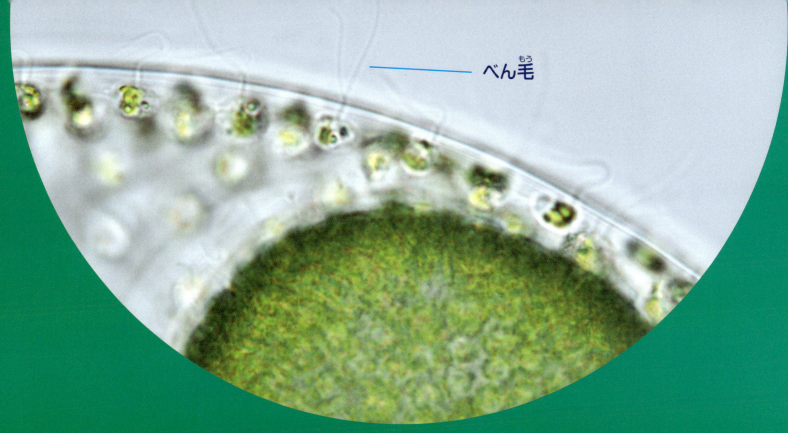

べん毛

表面にならんだひとつひとつの細胞からは、べん毛とよばれる2本の毛がのびている。いくつもの細胞のべん毛がいっせいに動き、群体もくるくるまわりながら泳ぐ。

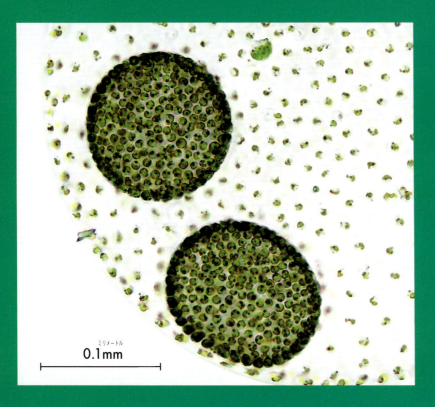

0.1mm

ボルボックスのデータ

40倍

和名：ボルボックス
学名：*Volvox aureus*（ボルボックス アウレウス）
大きさ：約0.5mm
すみか：田んぼや池、湖

空洞になった球の内側にある小さな緑のかたまりはボルボックスの子どもで、娘群体とよばれる。
娘群体は十分に育つと、親のからだをやぶって外に泳ぎでていく。
22ページの写真に見られる緑色のかたまりが育つと、上の写真のように大きなかたまりになる。

ボルボックスの仲間には、1つの細胞だけでくらすものと、
群体をつくってくらすものがあります。
群体をつくっている細胞の数や形は、種類によって異なりますが、
1つの細胞から2本のべん毛がでているところは同じです。

クラミドモナス

1つの細胞

和名：クラミドモナス
学名：*Chlamydomonas noctigama*
大きさ：約0.01mm
すみか：田んぼや池、湖

0.01mm

1つの細胞で生活するボルボックスの仲間。
ボルボックスの細胞とよく似た形をしている。

ゴニウム

和名：ゴニウム
学名：*Gonium quadratum*
群体の大きさ：0.05 〜 0.1mm
すみか：田んぼや池、湖

8、16、32、64個の細胞が
平らにならんだ
群体をつくる。

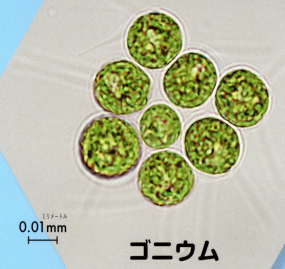

0.01mm

ユードリナ

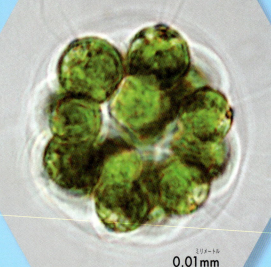

0.01mm

球状の群体で、16個か32個の
細胞でできている。

和名：ユードリナ
学名：*Eudorina elegans*
群体の大きさ：0.05 〜 0.1mm
すみか：田んぼや池、湖

プレオドリナ

球状の群体で、64または128個の細胞でできている。
ひとつの群体のなかに大きさの異なる2種類の細胞がある。

和名：プレオドリナ
学名：*Pleodorina californica*
群体の大きさ：0.15〜0.2mm
すみか：田んぼや池、湖

0.01mm

クンショウモ

決まった数の細胞が平たくならんでいるのが特徴です。
種類によって8個から128個までその数はいろいろ。
きそく正しくならんだ形が勲章のように見えることから
名づけられました。

1つの細胞に2つの角があるものは
フタヅノクンショウモとよばれている。

0.05mm

クンショウモでは、細胞の先に針のようなものがめだつものもいる。

0.01mm

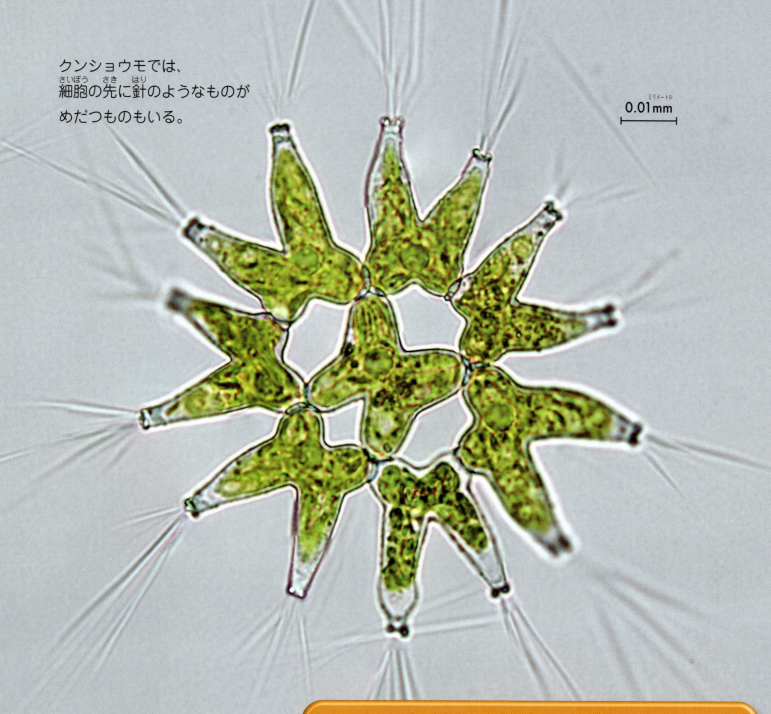

クンショウモのデータ

和名：クンショウモ
学名：*Pediastrum duplex*（ペディアストルム デュプレックス）
群体の大きさ：0.05 〜 0.1mm
すみか：田んぼや池、湖

400倍

ミカヅキモ

三日月の形をしたプランクトンです。1つの細胞でできています。
大きなものでは長さが0.5mmをこえるものもあります。
小さなつぶが細胞のはしを流れているのを見ることもできます。

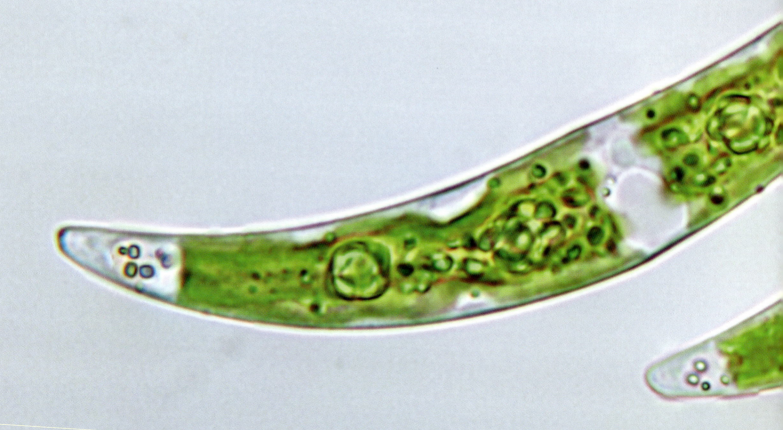

0.1mm

ミカヅキモのデータ

40倍

和名：ミカヅキモ
学名：*Closterium calosporum*（クロステリウム カロスポルム）
大きさ：最大約0.8mm
すみか：田んぼやあさい池

ツヅミモの仲間

ツヅミモは日本古来の楽器「鼓」に似ていることから名づけられました。いろいろな大きさや形のものがあります。細胞のまんなかのくびれかたや突起の形などで見わけます。

ペニウム

0.01mm

トリプロセラス

和名：トリプロセラス
学名：*Triploceras gracile*
大きさ：最大約0.13mm
すみか：田んぼやあさい池

0.01mm

和名：ペニウム
学名：*Penium margaritaceum*
大きさ：最大約0.3mm
すみか：田んぼやあさい池

三角すいを2つ組み合わせたような形。見る向きを変えるとそれぞれが三角形をしていることがわかる。

スタウラストルム

和名：スタウラストルム
学名：*Staurastrum paradoxum*
大きさ：最大約0.02mm
すみか：池や湖

細胞のまんなかが深くくびれている。

和名：コスマリウム
学名：*Cosmarium hians*
大きさ：最大約0.02mm
すみか：池や湖

コスマリウム

アワセオオギ

細胞は平らで、まんなかの丸く白いところ（核＊）を中心に
左右対称の形をしています。
じつは、アワセオオギもツヅミモの仲間です。
細胞のまわりにはきそく正しい切れこみがあり、
とげのような突起がでています。
まんなかの白いところから2つにわかれ、
白いところが中央になるように新しい形がつくられます。

1つの細胞

0.05mm

はしが電車の連結器のようになっており、
6個の細胞がつながっている。
もっと多くつながっているものもある。

＊核　球形かだ円形で細胞の遺伝情報（DNA）がふくまれている。

アワセオオギのデータ

100倍

和名：アワセオオギ
学名：*Micrasterias foliacea*（左）
　　　　Micrasterias thomasiana（右）
細胞の大きさ：約0.05mm（左）　約0.2mm（右）
すみか：田んぼやあさい池

1個の細胞が独立して生活している。

細胞の大きさ：約0.2mm

0.1mm

エレモスファエラ

ボールのような形をしています。緑色のたくさんの葉緑体がふくまれています。こいところは、細胞が2つにわかれようとしているところです。

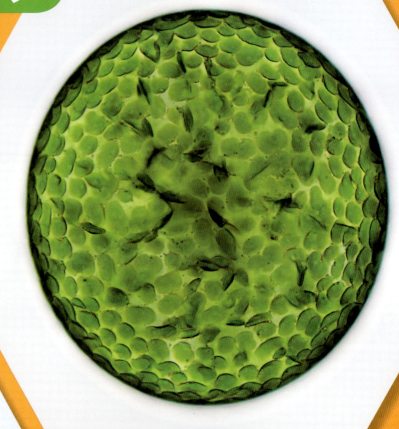

2つにわれてふえていくようすを横から見たところ。

0.2mm

エレモスファエラのデータ

100倍

和名：エレモスファエラ
学名：*Eremosphaera viridis*
大きさ：約0.2mm
すみか：田んぼやあさい池

ボトリオコッカス

群体は大きいもので直径0.5mm以上になります。スライドガラスに乗せてカバーガラスで群体をおしつぶすと細胞と細胞の間にたまっているオイルがでてきます。このオイルは重油*に似た成分です。

オイル

0.01mm

ボトリオコッカスのデータ

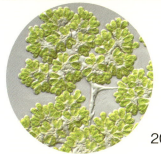
200倍

和名：ボトリオコッカス
学名：*Botryococcus braunii*
細胞の大きさ：0.01〜0.02mm
群体の大きさ：0.1〜1mm
すみか：池や湖

*重油……石油の1種。

アオミドロ

田んぼや池で緑色の糸のようなものが
ふえてくることがあります。
そのなかのひとつがアオミドロです。
アオミドロにはいろいろな太さがありますが、
えだわかれをしません。
また、なかの葉緑体（緑色のつぶ）が
らせん状にならぶのが特徴です。

0.03mm

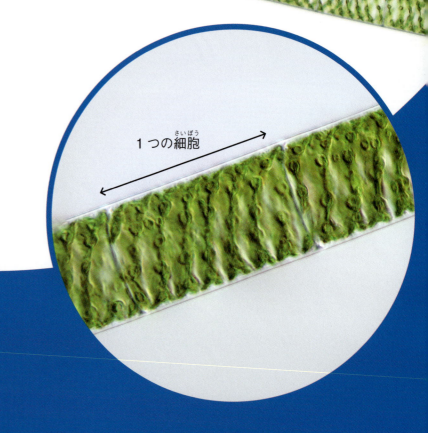

1つの細胞

アオミドロのデータ

100倍

和名：アオミドロ
学名：*Spirogyra* sp.（スピロジラ）
細胞のはば：約0.03mm
すみか：田んぼやあさい池

アミミドロ

円柱形の細胞がつながって5角形、または6角形のあみ目構造の群体をつくります。
大きな群体は1000個以上の細胞が集まることもあります。
田んぼなどで、緑色のマットのように見えるくらいふえることがあります。

アミミドロのデータ

100倍

和名：アミミドロ
学名：ヒドロディクチオン レティキュラータム
　　　Hydrodictyon reticulatum
細胞のはば：約0.02mm
すみか：田んぼやあさい池

0.1mm

ミドリムシ

からだは1つの細胞で、1本のべん毛を動かして泳ぎます。
細胞がダイナミックに形を変えるのも観察できます。
からだのなかにある緑色のつぶは葉緑体で、
光合成をおこない、分裂してふえていきます。
最近では「ユーグレナ」という名前で
食品としても利用されるようになりました。

0.01mm

ミドリムシのデータ

和名：ミドリムシ
学名：*Euglena gracilis* (ユーグレナ グラシリス)
大きさ：0.01 〜 0.05mm
すみか：田んぼや池、湖

400倍

0.01mm

グラウコキスチス

シアネレとよばれる青緑色の美しい葉緑体を10個から20個もっています。

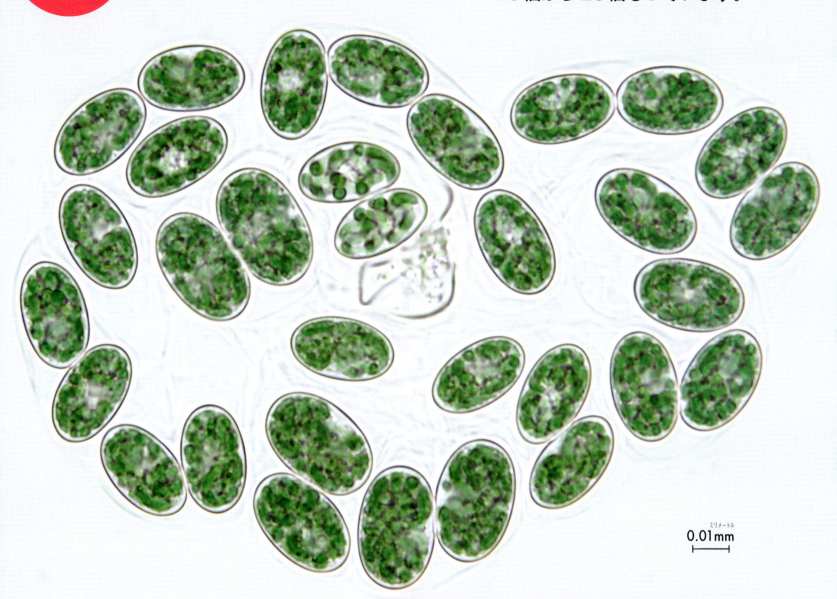

0.01mm

グラウコキスチスのデータ

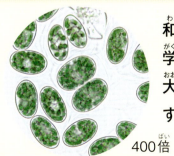

和名：グラウコキスチス
学名：*Glaucocystis miyajii*（グラウコキスチス ミヤジー）
大きさ：約0.03mm
すみか：田んぼやあさい池

400倍

ケイソウの仲間

ケイソウはからだのからが、ガラス質のものでできています。からの形やもようはさまざまですが、上下2枚のからがおべんとう箱のように重なっています。色は黄褐色ですが茶色く見えるのは葉緑体です。

クチビルケイソウ

和名：クチビルケイソウ
学名：*Cymbella* sp.
細胞の大きさ：約0.05mm
すみか：池や湖、河川

0.01mm

形は三日月形や半月形、くちびる形など。すべるように動く。

タルケイソウ

和名：タルケイソウ
学名：*Melosira* sp.
細胞の大きさ：約0.05mm
すみか：池や湖

丸い円筒状の細胞がつながって糸状の群体をつくる。

0.01mm

ハリケイソウ

和名：ハリケイソウ
学名：*Ulnaria* sp.
細胞の大きさ：0.1〜0.4mm
すみか：池や湖、河川

細長く針のような形の細胞で、細胞どうしがつながることがある。

0.01mm

アクナンテス

和名：アクナンテス
学名：*Achnanthes longipes*
細胞の大きさ：約0.05mm
すみか：港や海の沿岸

細胞がつながって、
リボン状の群体をつくることがある。

0.05mm

川原でとった石をこすって見る

のぞいてみよう！コラム

 →

0.1mm

川原で水につかっている石をひろい、まわりをざっと洗います。
表面がまだぬるぬるしているところを、歯ブラシでこすると……。
こまかい粉のようなものが落ちて水がにごってきます。
にごったところをスポイトで1滴とり、顕微鏡のスライドガラスに乗せ、
カバーガラスをかけて見てみましょう。上右写真のようなものが見えました。
ここにはいろいろなケイソウがついています。

アオコ

池や湖、沼の水の表面が青緑色に染まったかのように見えることをアオコとよびます。
藍藻が異常にふえたためにおこる現象で、藍藻のなかでもミクロキスティスやドリコスパーマムなどがよく知られています。
藍藻の多くは青緑色をしていますが、紫、赤、ピンク、緑などいろいろな色をした種もいます。
硫黄やカビのようなにおいがすることもあります。

ミクロキスティス

和名：ミクロキスティス
学名：*Microcystis aeruginosa*（ミクロキスティス エルギノーサ）
大きさ：細胞は約0.008mm
　　　　集まると0.5〜2mmほどになる
すみか：池や湖

プランクトスリックス

和名：プランクトスリックス
学名：*Planktothrix agardhii*（プランクトスリックス アガーディ）
細胞の大きさ：約0.01mm
すみか：池や湖

ドリコスパーマム

和名：ドリコスパーマム
学名：*Dolichospermum flos-aquae*（ドリコスパーマム フロス アクアエ）
細胞の大きさ：約0.01mm
すみか：池や湖

赤潮

海でプランクトンが異常にふえて水が赤や茶色に見えることを赤潮とよびます。その原因はさまざまです。
たとえば、プランクトンが異常にふえると、水中に光が入らなくなって酸素の量がへると魚はちっ息死します。
また、ねばりのある物質がえらにつまったり、毒素によって魚が死ぬこともあります。
ヤコウチュウやシャットネラなどのプランクトンが原因となっています。

コスキノディスクス

和名：コスキノディスクス
学名：*Coscinodiscus granii*
大きさ：約0.1mm
すみか：海

ヤコウチュウ

和名：ヤコウチュウ
学名：*Noctiluca scintillans*
大きさ：約1mm
すみか：海

シャットネラ

和名：シャットネラ
学名：*Chattonella marina*
大きさ：約0.1mm
すみか：海

顕微鏡の使いかた

顕微鏡にはものを拡大する対物レンズと接眼レンズがついています。
見る時の倍率はそれぞれの倍率をかけたものになります。
4倍の対物レンズと10倍の接眼レンズを使った時は、
「4×10＝40」で40倍で観察していることになります。

部分のよび名

接眼レンズ
のぞくところ。対物レンズで拡大したものをさらに拡大する。

レボルバー
倍率を変えるため、対物レンズを切り変えるときにまわす。

鏡筒
対物レンズに入った光がこのなかを通って接眼レンズにむかう。

対物レンズ
見たいものを拡大する。

アーム
顕微鏡を運ぶときに持つところ。

ステージ
プレパラートを置くところ。観察台。

調節ねじ
ステージを上下させてピントを合わせる。

クリップ
スライドガラス（プレパラート）などをおさえる。

反射鏡
外からの光をプレパラートにあてる。LEDなどの光源ランプがついたものもある。

台
顕微鏡をささえるところ。

ランプがついた顕微鏡

LEDランプ
LEDなどのランプがついており、スイッチでつけたり消したりできる。明るさを調節できるものもある。

じゅんび

アームをしっかりとにぎり、反対の手で台を下からささえて運びます。

置く場所

顕微鏡は、**直射日光のあたらない明るく水平な場所**に置きます。
ぐらつきのある実験台や机での観察はやめましょう。直射日光を反射鏡にあてて見ようとすると目をいためます。ぜったいにやめましょう。

使いかた

❶ 対物レンズをいちばん倍率の低いものにする

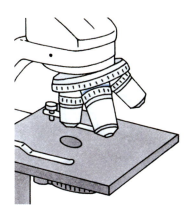

さいしょはいちばん倍率の低いレンズにしておく。
対物レンズを変える時は、直接レンズにさわらず、必ずレボルバーをまわす。

接眼レンズをのぞきながら反射鏡を動かし、見やすい明るさになるようにする。
反射鏡に直射日光をあててはいけない。

❷ スライドガラスなど見るものをステージに置く

見たいものをスライドガラスに乗せてステージに置く。
この時に見たいものができるだけ対物レンズの真下、光のくる穴のまんなかになるようにしておく。

位置が決まったらクリップでとめる。

❸ 横から見ながら

対物レンズとスライドガラスを横から見て調節ねじをゆっくりまわし、対物レンズの先をできるだけ見たいものに近づける。

❹ ピントを合わせる

接眼レンズをのぞきながら、対物レンズがスライドガラスからはなれていく方向に調節ねじをゆっくりまわし、ピントが合うところをさがす。
行きすぎたらゆっくりもどしてピントを合わせる。

❺ 見たいものをまんなかに

視野の中心がいちばんきれいに見えるので、見たいものがまんなかにくるよう、スライドガラスを動かそう。
イラストのように見たいものが左上に見えていたら、実際には右下にある。スライドガラスを少しずつ左上にずらしていこう。

❻ 対物レンズで倍率をあげる

倍率の低いものから高いものに変える時には、対物レンズにさわらずにレボルバーをまわしてレンズを変える。レンズをさわっていると軸がずれてしまい、正しく見えなくなってしまう。

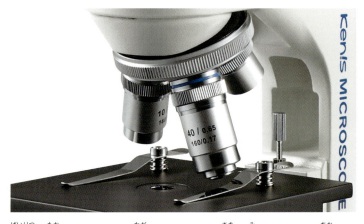

倍率の高いレンズほど長く、レンズの先が見たいものに近づく。
倍率の高いレンズに変える時は、横から見てぶつからないように注意する。

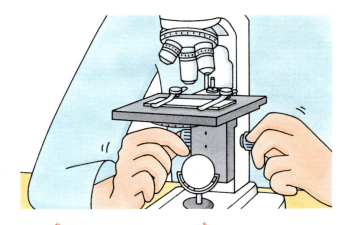

レンズを変えてもピントはだいたい合うようになっている。
そのため、レンズを変えるたびに調節ねじを大きく動かす必要はない。ピントが合っていない時は、調節ねじを少しだけ動かしてピントを合わせなおす。

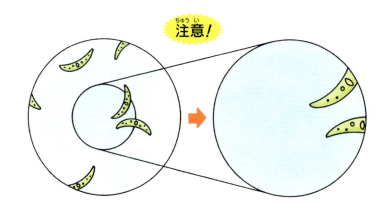

倍率をあげると、見えるはんいはどんどんせまくなる。
倍率の高いレンズに変える前に、見たいものの位置をできるだけ対物レンズの真下、穴のまんなかにもってくるようにしよう。

見えない時は

「見えない」というのは「見たいものが視野からはずれている」「ピントが合っていない」「レンズがよごれている」などの理由が考えられます。

❶ 見たいものが視野からはずれている

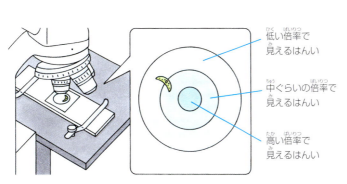

倍率をあげたので、視野（見えるはんい）からはずれてしまったかもしれない。倍率の低いレンズに変え、見たいものがはしにあるようなら、まんなかに移動させる。

倍率をいちばん低くしても、見たいものが見つからない時はステージを見てみよう。光のあたっている部分に見たいものがあるかどうかを確かめよう。

❷ ものがボケて見える

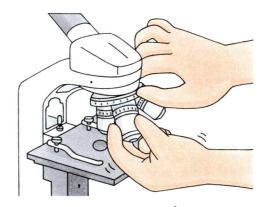

最初に考えられるのはピントが合っていないこと。調節ねじを動かしてみよう。

対物レンズによごれがつくと、ぼけて見えることがある。レンズをはずしてブロアー（空気でほこりを飛ばす道具）でほこりを取り、専用のクリーニングペーパーなどでそっとふこう。

あとかたづけ

使いおわったらぬれたところやよごれなどをふきとります。顕微鏡によってはレンズをはずしてしまうものがあります。接眼レンズはぬきとるだけですが、ほこりが入らないよう、わすれないようにふたをします。必ず両手で持って専用ケースに入れるなど、たいせつにあつかいましょう。顕微鏡専用のケースがないときは、大きめのビニール袋や布をかぶせます。

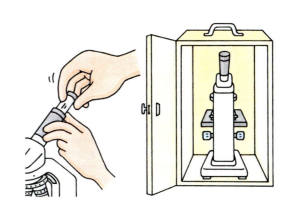

プランクトン観察のコツ

❶ 標本がうすいとピントを合わせやすい

顕微鏡ではピントが合い、くっきり見えるところは限られています。また、倍率が高くなるほどくっきり見えるところはせまくなります。そこで、標本はできるだけうすく、水の量を少なくします。カバーガラスを乗せたあと、はしから水をすうのもひとつの方法です。見たいものをすい取らないように注意しましょう。

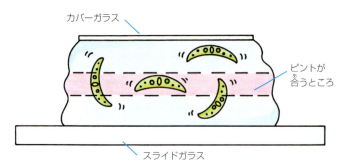

水の量が多いとプランクトンがいろいろに動き、ピントが合うところにいるものが少なくなる。

水の量が多い時。はっきり形のわかるミドリムシは、ピントの合うはんいにいたもの。ぼけているミドリムシは、ピントの合うはんいより奥か手前にいたものだ。

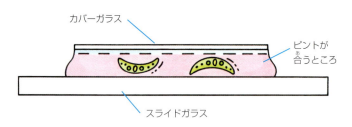

水の量を少なくすると、ピントが合うところにとどまることが多くなる。

❷ 動きがとまると観察しやすい

顕微鏡を使うと、観察するものを大きく見ることができますが、少し動かしただけで見たいものが視野(見えるはんい)からはみだし、見えなくなってしまいます。観察するものの動きをとめる工夫をしましょう。

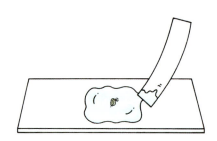

ミジンコを見るときは、スライドガラスの上に置いてからろ紙などで少しずつ水をすい、泳げなくする。

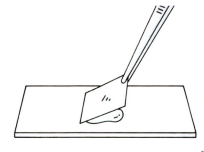

また、ミジンコをつぶさないように水の量を調節してカバーガラスでおさえつけるのもよい。

> **メモ**
> 活発に泳ぎまわるゾウリムシやワムシなどには、ねばねばした粘液を使い、動きをとめる。
> よく使われる粘液にはメチルセルロース、アラビアゴムなどがあるが、長い時間観察していると、プランクトンの形が変わってしまうことがあるので注意しよう。

双眼実体顕微鏡

双眼実体顕微鏡の倍率は20〜40倍くらいです。顕微鏡ほど倍率をあげることはできませんが、両目でものを立体的に見ることができます。

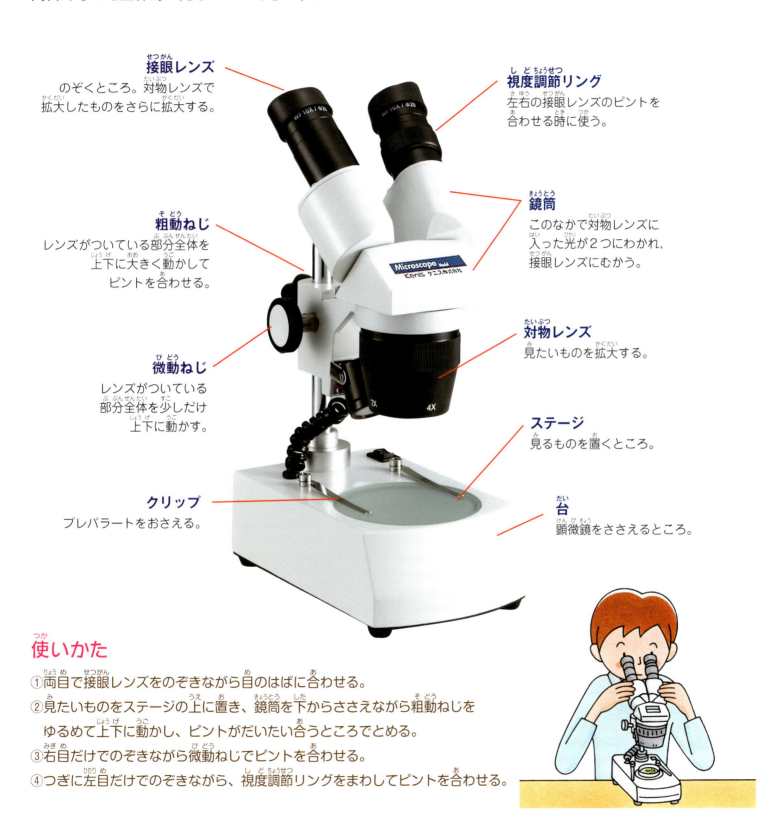

接眼レンズ
のぞくところ。対物レンズで拡大したものをさらに拡大する。

視度調節リング
左右の接眼レンズのピントを合わせる時に使う。

粗動ねじ
レンズがついている部分全体を上下に大きく動かしてピントを合わせる。

鏡筒
このなかで対物レンズに入った光が2つにわかれ、接眼レンズにむかう。

微動ねじ
レンズがついている部分全体を少しだけ上下に動かす。

対物レンズ
見たいものを拡大する。

ステージ
見るものを置くところ。

クリップ
プレパラートをおさえる。

台
顕微鏡をささえるところ。

使いかた

①両目で接眼レンズをのぞきながら目のはばに合わせる。
②見たいものをステージの上に置き、鏡筒を下からささえながら粗動ねじをゆるめて上下に動かし、ピントがだいたい合うところでとめる。
③右目だけでのぞきながら微動ねじでピントを合わせる。
④つぎに左目だけでのぞきながら、視度調節リングをまわしてピントを合わせる。

さくいん

あ行
アオコ　42
アオミドロ　36
赤潮（あかしお）　43
アクナンテス　41
アミミドロ　37
アミメネコゼミジンコ　10
アーム　44
アメーバ　19
アワセオオギ　32　33
育房（いくぼう）　6　9
ウミホタル　13
LED（エルイーディー）ランプ　44
エレモスファエラ　34
オカメミジンコ　11

か行
カイアシ類（るい）　12
カイミジンコ　13
核（かく）　32
仮足（かそく）　19
カバーガラス　41　48
カブトミジンコ　10
鏡筒（きょうとう）　44　49
クチビルケイソウ　40
グラウコキスチス　39
クラミドモナス　24
クリップ　44　45　49
クロレラ　15
クンショウモ　26　27
群体（ぐんたい）　22　23　24　25　35　37
ケイソウ　40　41
ケンミジンコ　12

さ行
甲殻類（こうかくるい）　8
コスキノディスクス　43
コスマリウム　31
ゴニウム　24

さ行
細胞口（さいぼうこう）　14
シアネレ　39
視度調節リング（しどちょうせつリング）　49
シャットネラ　43
収縮胞（しゅうしゅくほう）　14
スタウラストルム　31
ステージ　44　45　49
スライドガラス　41　44　45　46　48
接眼レンズ（せつがんレンズ）　44　45　49
せん毛（もう）　14　16　17　18
双眼実体顕微鏡（そうがんじったいけんびきょう）　49
ゾウリムシ　14　15
粗動ねじ（そどうねじ）　49

た行
対物レンズ（たいぶつレンズ）　44　45　46　47　49
タマミジンコ　11
タルケイソウ　40
単細胞生物（たんさいぼうせいぶつ）　14
調節ねじ（ちょうせつねじ）　44　45　46　47
ツヅミモ　30
ツボワムシ　16　17
ツリガネムシ　18
ドリコスパーマム　42
トリプロセラス　30

は行
ハリケイソウ　40
反射鏡（はんしゃきょう）　44　45

微動ねじ（びどうねじ）　49
ヒルガタワムシ　17
フタヅノクンショウモ　26
プランクトスリックス　42
プレオドリナ　25
プレパラート　44　49
ペニウム　30
べん毛（もう）　23　24　38
ボトリオコッカス　35
ボルボックス　22　23

ま行
ミカヅキモ　28　29
ミクロキスティス　42
ミジンコ　4　6　7　8　9　10　11　48
ミドリゾウリムシ　15
ミドリムシ　38　48
娘群体（むすめぐんたい）　23

や行
ヤコウチュウ　43
ユーグレナ　38
ユードリナ　24
葉緑体（ようりょくたい）　20　34　36　38　39　40

ら行
藍藻（らんそう）　42
輪盤（りんばん）　16　17
レボルバー　44　45　46
ろ紙（し）　48

わ行
ワムシ　12　16　17